V/X

DEVX
ECLIPSES

EN L'ESPACE DE QVINZE
IOVRS.

La premiere de Lune Horizontale le 16. de Iuin,

La feconde de Soleil le 2. de Iuillet.

Supputées fuiuant les Tables eAftronomiques de
Kepler, du P. de Billy, & du P. Riccioli.

Par le P. IACQVES GRANDAMY de la Compagnie
de IESVS.

A PARIS,

M. DC. LXVI.

Quanam ratione cùm solis exortu umbra hebetatrix sub terra esse debeat, semel iam acciderit, ut in occasu Lunæ deficeret, utroque super terram conspicuo sidere. Nam ut duodecim diebus utrumque sidus quæreretur, & nostro æuo accidit, Imperatoribus Vespasianis, Patre tertiùm, filio iterum Consulibus.

Plinius Historiæ Naturalis lib. 2. c. 13.

PREFACE.

lib. 2,
cap. 13.

Lɪɴᴇ dans son Histoire naturelle fait deux remarques curieuses sur quelques Eclipses, qu'il dit estre arriuées de son temps, & qui peuuent embarasser des esprits, qui n'ont qu'vne mediocre connoissance de l'Astronomie.

L'vne est qu'il pretend qu'on a obserué deux Eclipses en douze iours; & l'autre qu'on a veu la Lune Eclipsée en son couchant, lors que le Soleil commencoit des-ja à paroistre sur l'horizon.

Il est certain que la premiere de ces obseruations est entierement fausse, & qu'elle ne sçauroit estre receuë que par des ignorans. Car il est naturellement impossible, que le Soleil & la Lune apres leur conjonction, ou leur opposition se trouuent dans l'vn de ces deux points, qu'apres vne demie reuolution de leur mouuement; ce qui ne se fait qu'en quatorze iours dix huit heures. Mais l'on voit souuent de ces sortes de méprises dans l'Histoire, & l'on ne peut douter que la remarque de Pline ne soit de cette nature, comme tous les sçauans en demeurent d'accord.

Pour l'autre obseruation, elle est raisonnable; & il se peut faire qu'à lors que le Soleil se leue, la Lune estant des-ja couchée veritablement, & engagée dans l'ombre de la terre, elle paroisse neantmoins sur l'horison, à cause des vapeurs qui la grossissent souuent à la veuë, & qui l'eleuent en apparence audessus du lieu ou elle est, par le moyen des refractions des rayons de la veuë.

C'est ce qui peut arriuer mesme quelquesfois au Soleil. Car si l'air est chargé de vapeurs vn peu grossieres, nous le voyons le matin quelque temps auant qu'il soit leué; & le soir apres qu'il s'est des-ja caché sous nostre horizon. En effet nous sçauons de personnes dignes de foy, Zucchias p. 1. Philos. opt. c. 10. sect. 2. que faisant voyage sur la Mer, ou la veuë peut s'estendre sans obstacle, les vapeurs s'estant éleuées apres le coucher du Soleil, on l'auoit veu se leuer sensiblement tout d'vn coup, & disparoistre quelque temps apres pour vne seconde fois. Ceux qui n'entendent pas les loix de la refraction, s'estonnent de ces miracles de nature; mais ceux qui les sçauent les reconnoissent comme les ouurages d'vne sagesse infinie, & ils s'excitent par la à loüer l'autheur de ces merueilles.

Ainsi il n'est pas difficile de respondre à la question que les Hollandois proposerent à toute l'Europe, il y a 50. ou 60. ans; C'est à sçauoir si le solstice d'hyuer estoit iustement fixé au 21. de Decembre, comme on l'auoit creu iusques alors, Car apres l'auoir perdu le 4. de Nouembre l'an 1596. dans leur voyage du Septentrion, à la nouuelle Zemble, ils l'auoient reueu le 24. de Ianuier suiuant, 17. ou 18. iours plustost qu'ils ne l'attendoient. Cela ne pouuoit venir que des vapeurs, qui s'estant éleuées sur la fin de Decembre & le commencement de Ianuier, dans ces

regions Septentrionales aux approches du Soleil, le firent paroiftre fur
l'horizon lors qu'il eftoit encore veritablement audeffous : ce qui con-
tinua l'efpace de plufieurs iours, parce qu'il ne s'en éloignoit que fort
peu à fon Midy, à caufe de la grande obliquité de la fphere en ces païs-là.

Il ne faut donc pas s'eftonner que le Soleil & la Lune fe trouuant en
oppofition fous la ligne horizontalle, fe voyent quelquesfois lors qu'ils
ne deuroient pas paroiftre; l'vn ou l'autre de ces deux Aftres, ou peut-
eftre tous les deux enfemble eftant fous noftre hemifphere.

Auffi fi l'air y eft difpofé, l'Eclipfe de Lune que nous attendons le 16.
de Iuin iuftifira cette obferuation. Car eftant horizontalle à fon leuer
elle fera des-ja directement oppofée au Soleil, & obfcurcie de l'ombre
de la terre, quoy qu'il doiue encore demeurer quelque temps auec elle
fur noftre horizon.

La figure fuiuante reprefente la chofe fi clairement qu'il ne faut point
d'autre explication, & la feule veuë la rend plus fenfible que tous les
difcours ne fçauroient faire.

Mais il ne faut pas s'oublier de dire qu'il s'eft coulé vne faute dans le
paffage de Pline. Car il eft certain qu'il eft corrompu, en ce qu'il met
le troifiéme confulat de Vefpafien auec le fecond de fon fils, puis que
l'Hiftoire Romaine nous affeure, & que tous les doctes aduouënt que
fon quatriéme confulat arriua la mefme année que le deuxiéme de Tite,
l'an 72. de Noftre Seigneur.

Enfin j'adioufte pour confirmer la verité des Eclipfes horizontalles que
le 21. de Fevrier de la mefme année, l'on en vit à Rome vne grande de
Lune au leuer du Soleil, ces deux Aftres paroiffant en mefme temps fur
l'horizon; ce qui me fait croire que c'eft la mefme dont parle cét Autheur dans le Liure que i'ay cité.

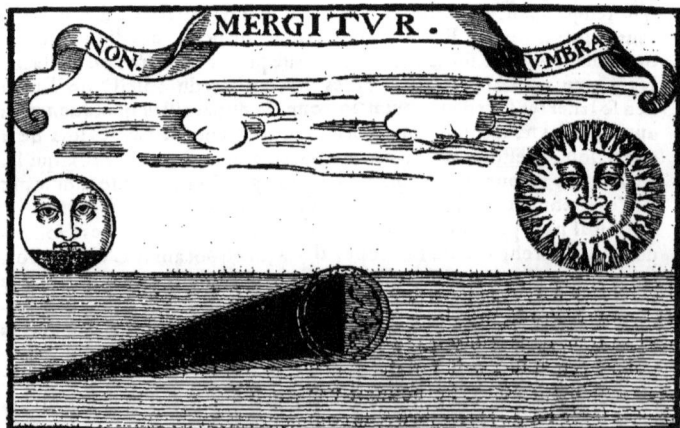

CALCVL

CALCVL DE L'ECLIPSE DE LVNE

qui doit paroiſtre le 16. iour de Iuin 1666. ſuiuant les Tables
Rodolphines ſubſidiaires de Kepler.

Reduites au Meridien de Paris.

Le temps & le lieu auquel ſe fera l'Eclipſe.					
	Iours.	Heures.	′	″	
La Moyenne Nouuelle Lun. le	21.	22.	11.	49.	de May.
Adiouſtez pour la demie Lun.	14.	18.	22.	2.	
La Moyenne Plene Lun. le	36.	16.	33.	51.	
Apres Midy ſuiuant le lieu des Tables, complet le	5.	16.	33.	51.	de Iuin.
Et adiouſtant aux lieux ou ſe garde la Reformat. du Calendrier	10.	0.	0.	0.	
Le 15. complet, & courant le	16.	16.	33.	51.	de Iuin.
Le temps de l'Apogée du Sol.	18.	2.	26.	21.	de Iuin.
Le lieu de l'Apogée du Sol.	3.	6.	51.	25.	69.
L'interualle de l'Apogée du Sol. à la Plene Lun. Moyenne.	11.	9.	52.	30.	
Le mouuement du Sol. reſpondant à cet' interualle eſt pour le ſouſtraire au lieu de l'Apogée.		10.	51.	18.	
Le 1. lieu du Sol. en la Moyenne Plene Lune.	2.	26.	0.	7.	♊
Le 2. lieu de l'ombre oppoſée au Sol.	8.	26.	0.	7.	♐
	Signe Degré		′	″	

	Iours	Heu.	'	"	
Le temps de l'Apogée de la Lun. le	11.	21.	10.	2.	
Le temps de la plene Lun. Moyenne, complet le	3.	17.	27.	45.	de Iuillet
l'Interualle	8.	3.	42.	17.	
Le mouuement de la Lun. répon-pondant à cet' interualle pour estre souftrait au lieu de l'Apogée	3.	12.	35.	3.	
Le lieu de l'Apogée de la Lun.	0.	13.	3.	20.	♈
Le premier lieu de la Lun.	9.	0.	28.	17.	♉
Le premier lieu de l'ombre	8.	26.	0.	7.	♓
Premiere distance entre l'ombre & la Lun.	0.	4.	28.	10.	
Le temps conuenable à cette distance pour le souftraire à la Moyenne plene Lun.	0.	8.	35.	20.	
La Moyenne Plene Lun. courant le	16.	16.	33.	51.	
La vraye plene Lun. courant le apres Midy.	16.	7.	58.	31.	de Iuin.
Premiere correction pour le Sol. à souftraire du lieu de l'ombre			20.	28.	
Second lieu de l'ombre	8.	25.	39.	39.	♓
Premiere correction pour la Lun. à souftraire du 1. lieu de la Lun.		4.	45.	44.	
Second lieu de la Lun.	8.	25.	41.	33.	♓
Seconde distance entre l'ombre & la Lun.			1.	54.	
Le temps conuenable, à cette distance pour estre encore souftrait a la plene Lun.			3.	41.	

Signe Degré   ' "

	Iours.	Heu.	'	"	
Le temps de la vraye plene Lun. corrigé	16.	7.	54.	50.	de Iuin.
Pour l'Equation parfaite du temps il y faut adiouster	0.	0.	20.	0.	
Et partant le temps de la vraye plene Lun. parfaitement corrigé & egalé sera au Meridien des Tables courant le	6.	8.	14.	30.	
Et aux Meridiens ou se garde la reformation du Calendrier le apres Midy.	16.	8.	14.	50.	Iuin.
Au Meridien de Paris plus occidental de 40. suiuant les Tables de Kepler courant le apres Midy.	16.	7.	34.	50.	Iuin.
Le vray lieu de la plene Lu. en cette Eclipse parfaitement corrigé est au signe du Sagittaire	8.	25.	41.	33.	♐
Et la seconde distance d'entre l'ombre & la Lun. de 1. 54. ne change point sensiblement le lieu de l'opposition.					

	Signe	Deg.	'	"

Latitude de la Lun. en l'Eclipse.

	Signe	Deg.	'	"
Le lieu du Nœud Septentrional	3.	5.	54.	12.
Mouuement de Latitude	5.	19.	45.	27.
Latitude Septentrionale			56.	29.

La grandeur de l'Eclipse.

	Signe	Deg.	'	"
Demidiametre du Soleil	0.	0.	15.	0.
Demidiametre de la Lune	0.	0.	15.	50.
Demidiametre de l'ombre	0.	0.	47.	30.

	Signe	Deg.	'	"

La grandeur de l'Eclipse.			
	Iours.	Heu. '	"
Somme des Demidiametres de l'ombre & de la Lun.		6'3.	20.
Doitz Eclipfez	2.	37.	16·

La durée de l'Eclipse.		
Le mouuement horaire de la Lun.	3ᴵ·	0.
Scrupules de la demie durée		1728.
La demie durée	55·	45·
La durée entiere	H. 1. 5ᴵ.1.	3".0.

Le temps de l'Eclipse à Paris le 16. de Iuin le Mercredy
d'apres la Pentecofte.

	H.	'	"	
Le commencement	6.	3'9.	5".	
Le milieu	7·	34.	50.	apres
La fin	8.	30.	35.	Midy.

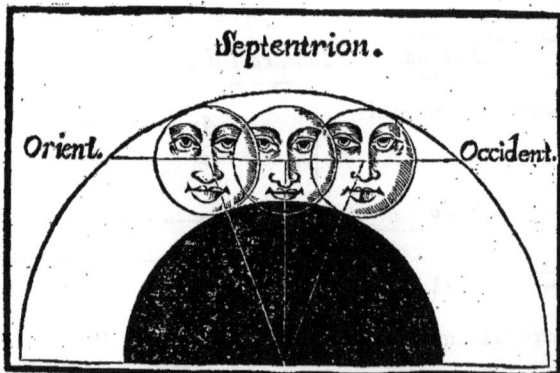

CALCVL

CALCVL DE LA MESME ECLIPSE DE
Lune ſuiuant les Tables du P. de Billy.

Au Meridien de Paris.

Le lieu & le temps de l'Eclipſe.				
	Iours.	Heu.	'	''
Moyenne plene Lun. le apres Midy.	7.	15.	43.	38.	de Iuin
L'Anomalie du Sol.	II.	18.	46.	18.	♓
Proſthapherefe du Sol. Adiect.			23.	5.	
L'Anomalie de la Lun.	8.	13.	24.	35.	↔
Proſthapherefe de la Lun. Adiect.		4.	48.	20.	
Diſtance de la Lun. & de l'ombre,		4.	25.	15.	
Temps Proſthapheretique Soubſt.		8.	42.	12.	
La vraye plene Lun. mais non encore exacte apres Midy.	6.	7.	1.	26.	de Iuin
Aux lieux ou ſe garde la reformation du Calendrier	16.	7.	1.	26.	
Le Calcul reïteré pour ce temps-là.					
L'Anomalie du Sol. egallée	II.	18.	24.	52.	♓
Proſthapherefe Adiect.			23.	48.	
L'Anomalie de la Lun. egallée	8.	8.	40.	19.	↔
Proſthapherefe Adiect.		4.	40.	55.	
Diſtance de la Lun. & de l'ombre		4.	17.	7.	
Temps Preſthaph. Souſt.		8.	26.	12.	
	Sign.	Deg.	'	''	

C

Le lieu & le temps de l'Eclipse.

	Iours.	Heu.	'	''	
La vraye plene Lun. plus exacte	6.	7.	17.	26.	de Iuin
Et la tresexacte.	6.	7.	16.	50.	
Aux lieux ou se garde la reform. apres Midy.	16.	7.	16.	50.	
Le lieu de l'ombre tres-exact.	8.	25.	32.	40.	
Le lieu de la Lun. tres-exact	8.	25,	32.	40.	♈
La parfaite plene Lun. egallée	16.	7.	18.	23.	Iuin.

La grandeur de l'Eclipse.

Le vray mouuement de latitude de la Lun.	5.	19.	42.	45.
La vraye latitude Septentrionale			53.	13.
Somme des Demidiametres de la Lun, & de l'ombre.			65.	15.
Doits Eclipsez.		4.	22.	49.

La durée de l'Eclipse.

Le mouuement horaire de la Lun.	31.	15.
Le quarré de la somme des Demi-diametres 6'5. 1''5.	15327225.	
Le quarré de la latitude de la Lun. 5'5. 1''3.	10195249.	
La difference des quarrez.	5131976.	
Sa racine quarrée.	2265.	
La demie durée de l'Eclipse	H. 1. 1'2. 2''9.	
Totale durée	2. 24. 58.	

Sign. Deg. ' ''

		H.	'	"	
Le commencement	}	6.	5.	54.	
Le milieu	}	7.	18.	23.	apres Midy.
La fin	}	8.	30.	52	

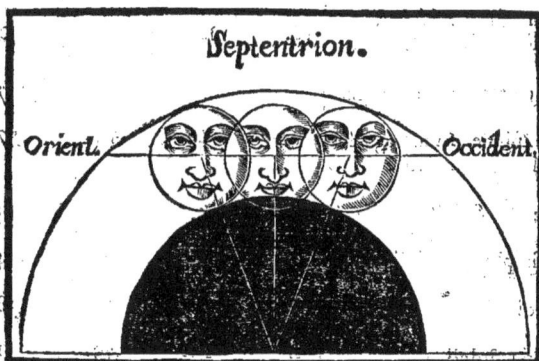

Septentrion.

Orient. — Occident.

❀❀❀❀❀❀❀❀❀❀❀❀❀❀❀❀❀❀❀❀❀❀❀❀❀

CALCVL DE L'ECLIPSE DE LVNE
ſuiuant les Tables du P. Riccioli.

Reduites au Meridien de Paris.

	Iours.	Heu.	'	''	
La Moyenne Nouuelle Lun.	22.	20.	11.	8.	May
Adiouſtez pour la demie Lun.	14.	18.	22.	2.	
La Moyenne Plene Lun. complet le	6.	14.	33.	10.	Iuin.
Aux lieux ou la reforme du Calendrier ſe garde adiouſtez	10.	0.	0.	0.	
Au Meridien des Tables telle qu'eſt Boulogne en Italie	16.	14.	33.	10.	
Equation de ce temps à adiouſter			1.	47.	
La Moyenne plene Lun. egalée apres Midy, complet le	16.	14.	34.	57.	Iuin.
Le lieu Moyen du Soleil	2.	25.	26.	53.	♊
L'Anomalie ſimple du Soleil	6.	16.	50.	44.	
Equation à adiouſter			32.	58.	
Le vray lieu du Soleil	2.	25.	59.	51.	♊
Le centre de l'ombre oppoſé au Sol.	8.	25.	59.	51.	♐
Le lieu Moyen de la Lun.	8.	24.	34.	16.	♐
L'Anomalie ſimple de la Lun.	8.	13.	0.	10.	
Equation à adiouſter		4.	47.	56.	
Le vray lieu de la Lun.	8.	29.	22.	2.	♐
L'Anomalie de la Lun. egalée	8.	17.	47.	56.	♐
	Sign.	Degr.	'	''	

La

	Iours.	Heures.	'	''	
La diſtance du lieu de la Lun. au lieu de l'ombre oppoſé au Sol.	o.	3.	22.	11.	
Le mouuement horaire de la Lun. au Sol.			30.	47.	
Le temps conuenable pour ſouſtrai- re à la plene Lun. Moyenne egalée.		6.	34.	4.	
La vraye plene Lun. mais non en- core exacte.	16.	8.	o.	53.	Iuin.
Le calcul reïteré pour la rendre exacte. Le vray lieu de l'ombre parfaitement egalé	8.	25.	48.	36.	
L'Anomalie du Sol. egalée	6.	17.	12.	27.	
Le vray lieu de la Lun. egalé	8.	25.	39.	27.	
L'Anomalie de la Lun. parfait. egalée.	8.	14.	7.	10.	
Diſtance du lieu de la Lun. au lieu de l'ombre			9.	9.	
Le mouuement horaire			30.	57.	
Le temps conuenable pour adiou- ſter à la vraye plene Lun. non exacte			17.	45.	
La vraye plene Lun. exacte com- plet à Boulogne le	16.	8.	18.	38.	
Courant à Paris apres Midy le	16.	7.	38.	38.	
Pour l'Equation de ce temps il faut ſouſtraire				26.	
Et le vray milieu de l'Eclipſe ſera à Paris courant le	16.	7.	38.	12.	Iuin.
	Sign.	Deg.	'	''	

D

	Iours.	Heu.	$'$	$''$
Le vray lieu de la Lun. en sa voye	8.	25.	39.	27.
Sa reduction à l'Ecliptique.			2.	24.
Le vray lieu de la Lun. en l'Ecliptique	8.	25.	41.	51.
Le vray lieu du Nœud Septent.	3.	5.	52.	16.
Souſtrait du lieu de la Lun. en ſa voye donne l'argument de latitude egalé.	5.	19.	47.	11.
La vraye latitude Septentrion.			56.	53.
Le Demidiametre apparent de la Lun.			15.	32.
Le Demidiametre de l'ombre corrigé			44.	28.
La ſomme des Demidiametres				
De la Lun. & de l'ombre corrigez			60.	0.
Souſtrayez la vraye latitude			56.	53.
Reſte la grandeur de l'Eclipſe en ſcrupules defaillans			3.	7.
Doits Eclipſez.		D.	1.	12.

		Sign.	Deg.	$'$	$''$

	Iours.	Heu.	′	″
La Somme des Demidiametres de la Lun. & de l'ombre			60.	0.
Les fcrupules d'Incidence.			20.	12.
Le mouuement horaire de la Lun. au Sol.			30.	57.
La moitié de la durée			39′.	9″.
La durée totale	H.	1.	1′8.	1″8.

l'Eclipfe fe fera à Paris le 16. de Iuin.

Le commencement		6.	29.	3.
Le milieu	H.	7.	38.	12.
La fin		8.	17.	21.

Fin de l'Eclipfe de la Lune.

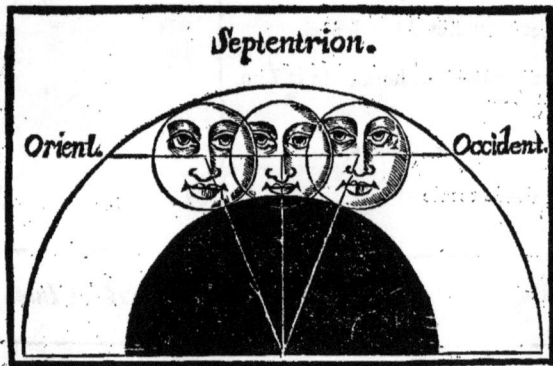

CALCVL DE L'ECLIPSE DE SOLEIL
qui se fera le second iour de Iuillet 1666. suiuant les Tables Rodolphines, Subsidiaires de Kepler.

Reduites au Meridien de Paris.

Le temps & le lieu auquel se fera l'Eclipse.

	Iours.	Heu.	'	''	
La Moyenne Nouuelle Lun. au Meridien des Tables, suiuant la façon ancienne, complet le	20.	10.	55.	52.	Iuin.
Courant le 21. apres Midy.	21.	10.	55.	52.	
Le iour de l'Apogée du Sol. courant le	18.	2.	26.	20.	Iuin.
L'interualle entre la nouuelle Lun. & le iour de l'Apogée du Sol.	3.	8.	29.	32.	
Le mouuement horaire du Sol.			2.	23.	
Le mouuement du Sol. respondant à cet Interualle		3.	11.	24.	
Adiousté au lieu de l'Apogée du Sol.	3.	6.	51.	26.	69.
Le premier lieu du Sol.	3.	10.	2.	50.	69.
Le iour de la Lun. depuis le premier Ianuier complet	199.	11.	49.	47.	
Le iour du plus proche Apogée de la Lun.	192.	21.	10.	2.	
L'interualle	6.	14.	39.	45.	
Le mouuement horaire de la Lun.			32.	37.	
	Sign	Deg.	'	''	

	Iours.	Heu.	'	"	
Le mouuement de la Lun respon- dant à l'interualle	2.	22.	8.	31	
Adiousté au lieu de l'Apogée de la Lune	O.	13.	3.	20.	♈
Le premier lieu de la Lun.	3.	5.	11.	51.	69
Le premier lieu du Sol.	3.	10.	2.	50.	
Premiere distance entre les lumi- naires , la Lun. suiuant le Sol.		4.	50.	59.	
Horaire de la Lun. au Sol.			30.	14.	
Temps Prosthapheretique		9.	37.	28.	
Adiousté à la Moyen. Nou. Lun.	21.	10.	55.	52.	
La vraye Nou. Lun. courant le apres Midy.	21.	20.	33.	20.	
Au premier lieu du Sol.	3.	10.	2.	50	
Adioustez pour la Correction			22.	55	
Second lieu du Sol.	3.	10.	25.	46.	69
Au premier lieu de la Lun.	3.	5.	11.	51	
Adioustez pour la Correction		5.	16.	29.	
Second lieu de la Lun.	3.	10.	28.	20.	69
La seconde distance entre les lumi- nair. la Lune precedant le Sol.			2.	35.	
Second temps Prostapheretique			5.	5.	
Souftrait à la vraye Nou. Lun.	21.	20.	33.	20.	
La vraye Nouuelle Lun. corrigée	21.	20.	28,	15.	
L'Equation du temps adioustée			4.	40.	
	Sign.	Deg.	'	"	

	Iours.	Heu.	'	''	
La vraye nouuelle Lun. corrigée & parfaitement egallée, complet	21.	20.	32.	55.	Iuin.
A Vranbourg lieu des Tables apres Midy					
A Paris plus occidental de 4'o. apres minuit, courant le	2.	7.	52.	55.	Iuillet.

Pour les Parallaxes.

En la vraye Conionction.

		Iours.	Heu.	'	''	
Le vray temps de la vraye conjon.		2.	7.	52.	55.	Iuillet.
Le vray lieu du Soleil		3.	10.	25.	46.	69
L'Ascension droite			101.	21.	10.	
La vraye conjonction deuant Midy auſquelles reſpondent	H.		4.	7.	5.	
	D.		61.	46.	15.	
Et ſouſtraits de l'Aſcenſion droite propoſée font l'Aſcenſion droite du point culminant de l'Ecliptique, reſpondant au Midy.			39.	44.	55.	
Le point culminant de l'Ecliptique reſpondant au Midy		1.	10.	7.	2.	8
La declinaiſon Septent. de ce point			14.	54.	13.	
Souſtraitte de la hauteur du pole de Paris			48.	52.	0.	
donne la diſtance de ce point culmin. au Zenit			33.	57.	47.	
L'Angle du Meridien & de l'Ecliptique			71.	35.	19.	
La diſtance de la vraye conjonction au point culminant de l'Ecliptique		2.	0.	18.	43.	
		Sign.	Degr.	'	''	

La conjonction plus Orientale, &
le point culminant au demicercle
Ascendant, le Nonantiesme à l'O-
rient.

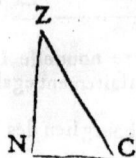

Ce qui paroist au Triangle Z N C. rectangle en N. auquel C Z. distance du point Culminant au Zenit est de 33. 57. 4″7. Langle C. de
l'Ecliptique & du Meridien est de 71. 35. 1 9. Langle N. au Nonantiesme est droit de 90. 0 . 0 ′. par la connoissance desquels on connoist
N Z. 32. 0′. 3′0. & C N. 12. 1′. 0″.

A quoy adioustant au Triangle Z N S. le costé N S. 48. 17. 43. pour
acheuer la distance de 2. 0. 1 8. 4 3.
entre le point Culminant & la
conjonction , autrement Synode,
& marquée par S. mise à l'O-
rient , & qui marque que ce Synode se fait au quartier Oriental de
l'Ecliptique. En suite de quoy S Z.
distance de la Lune au Zenit, est
de 55. 4′0. 3″0. & Langle S. para-
lactique est de 39. 56. 1 0′

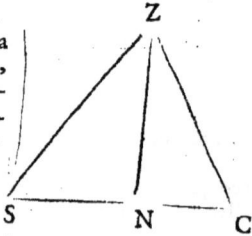

Et de là les trois premieres Parallaxes en la vraye Conjonction.

De hauteur   5′1.
De latitude   32.
De lontitude   39.

En la conjonction apparente moins
exacte
Le premier temps Parallactique
H.
d'vne H. 1. 4′0. 2″0.
Soustrait du temps de la vraye Con-
jonct.   2. 7. 52. 55.
Donne le temps de la conjonction
apparente, moins exacte 2. 6. 12. 25.

Le lieu de la Lune au temps de la
conjonction apparte moins exacte.
              3. 9. 42. 51.
D'où suiuant la Methode prece-
dente des Ascensions droites
& des Triangles on trouue les
trois secondes Parallaxes en la
conjon. apparente mois exacte.
De hauteur   57.
De latitude   38.
De longitude   42.

En la conjonction appar. exacte
Le second temps Parall. 1. 48. 50.
le temps de la conjonction apparente exacte.   2. 5. 56. 35.
De Iuillet apres minuit à Paris.
                           Le

Le lieu de la Lune en la conionction apparente exacte 3. 9. 7. 52.

La grandeur de l'Eclipse.

Le lieu de la Lune en la conionct.
  apparente exacte 3. 9. 7'. 5"2.
Le lieu du Nœud 3. 4. 27. 57.
Le mouuement de   4. 9. 55.
Latitude.
La vraye latitude fept. ou l'arc en-
  tre les centres   25. 59.
Reduction   1'. 12.
La 3. Parall. de latit.   38. 30.
La latitude appar. Merid. 12. 31.
  ou l'arc entre les centres.
Le Demidiam. du Sol.   15. 0.
          de la Lun.   15. 39.
Somme   30. 39.
Oftez la latit. appar. ou pluftoft
  l'arc entre les centres   12. 31.
Refte la grandeur   18. 8.

Doits Eclipfez.

7.   15.
Scrupules de la demie durée 27. 5'8.

La durée de l'Eclipse.

Vne heure auant la vraye conion.
  la Lune eftoit éloignée du Zenit   80. 5'9.

L'angle Parallactiq.   45. 56.
La 3. Parall. de long. refpondant à
  la conionction apparente exacte
  eft de   4'2. 9".
Le mouuement horaire apparent
  de la Lune   3 1. 2"0.
Les fcrupules de la demie durée
           27. 5"8.
L'incidence   53. 1"3.
Le mouuement de la longitude
  croiffant au quartier Oriental de
  l'Ecliptique.
Vne heure apres la vraye conionct.
La Lune eftoit éloignée du Zenit.
          63. 8".
L'angle Parallact.   4'0. 2"1.
La 3. Parall. de long.   4'2. 9".
Le mouuement de longitude de-
  croiffant au quartier Oriental
  de l'Ecliptique.
Le mouuement horaire appatent
  de la Lune   30. 2.
Les fcrupules de la demie durée
  font   2'7. 5"8.
Le temps de l'emerfion   55. 52.
Le temps de la durée totale de l'E-
  clipfe   H. 2. 4'9. 5".
A Paris fuiuant le temps apparant
  le 2. iour de Iuillet.

	H.	'	"
Le commencement	5.	3.	21.
Le milieu	5.	56.	35.
La fin	6.	52.	27.

Apres Minuit.

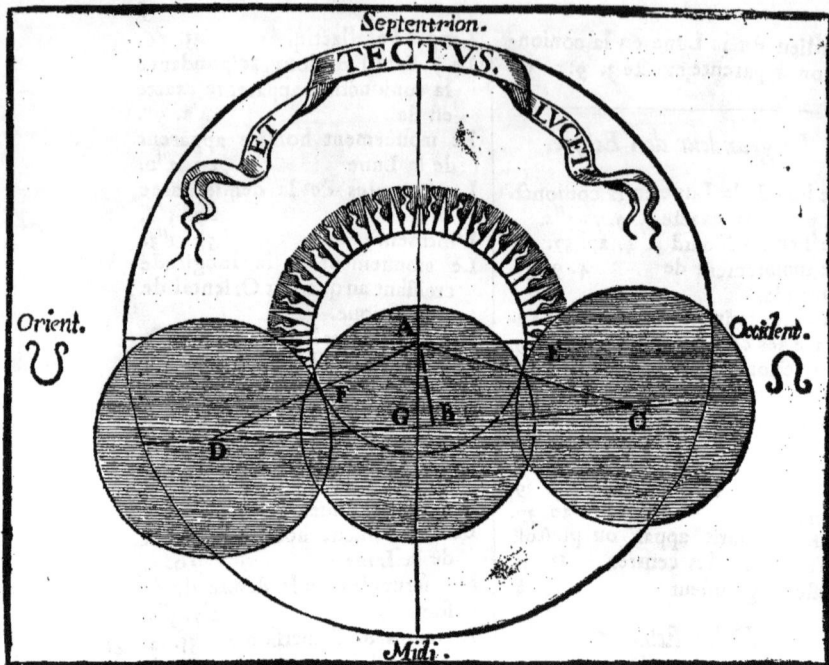

Demonstration de l'Eclipse par cette figure.

Au Triangle A B D. Rectangle en B. | Au Triangle A B C. rectangle en B.
La somme des Demidiametres A D. | La somme des Demidiametres A C.
$\qquad$ 3.0. 3.9. | $\qquad$ 3 0. 3 9.
L'Arc entre les eentres A B 12. 31. | L'Arc entre les centres A B. 12. 31.
Les scrupules de la demie durée BD | Les scrupules de la demie durée
$\qquad$ 27. 58. | C B. $\qquad$ 27. 58.
Le temps de l'emersion 5 5. 52. | Le temps de l'incidence. 53. 13.
Le lieu de l'emersion F. | Le lieu de l'incidence E.
La queuë du Dragon, le Nœud | La teste du Dragon, le Nœud As-
descend. ☋ | cendant ☊

Au Triangle A B G. rectangle en B.
L'Arc entre les centres A B. 12. 31.
La latitude apparente Australe
$\qquad$ 12. 34.
La Reduction G B. 1 12.

CALCVL DE LA MESME ECLIPSE
de Soleil pour Paris 1666. Iul. 2. fuiuant les Tables du P. de Billy.

	Iours.	Heu.	'	''	
Moyenne Nouuelle Lun. apres Midy.	I.	10.	5'.	3''0.	Iuillet.
L'Anomalie du Sol.	0.	3.	19'.	32''.	
Proftaph. fouftractiue			6'.	5''4.	
Anomalie de la Lun.	2.	26.	19'.	2''.	
Proftaph. fouftract.		4.	57'.	10''.	
Diftance de la Lun. au Sol.		4.	50'.	16''.	
Temps Proftaph. Adiectif.		9.	31'.	26''.	
La vraye Nouuelle Lun. mais encore moins exacte. apres Minuit. Auquel temps	2.	7.	37'.	5''.	Iuillet.
Anomalie du Sol. egalée		3.	43'.	0''.	
Profthaph. de Sol. fouftr.			7'.	42''.	
Anomalie de la Lun. egalée	3.	I.	30'.	7''.	
Profthaph. de la Lun. fouftr.		4.	58'.	26''.	
Diftance de la Lun. au Sol.		4.	50'.	44''.	
Temps Profthaph. Adiect.		9.	32'.	22''.	
La vraye Nouuelle Lun. plus exacte, mais non encores egalée	2.	7.	38.	I.	Iuillet.
	Sign.	Deg.	'	''	

	Iours.	Heures.	'	"	
Le vray lieu du Sol. & de la Lun. de l'Equinoxe moyen, & du vray Equinoxe	3. / 3.	10. / 10.	18'. / 29'.	44". / 27".	69
Le temps de la Nouuelle Lun. ters-exact. & egalé	2.	2.	34.	18.	Iuillet.
L'Eclipfe precede le Midy de		4.	25'.	42".	
Le Sol. éleué fur l'horifon		32.	30'.	31".	
Parallaxe de longitude			37'.	43".	
Parall. de latitude			31'.	17".	
Temps parallactique fouftr.		1.	14'.	51".	
Temps apparent moins exact de de la Nouuelle Lun.		6.	19'.	27".	
A raifon du temps parall.					
La 2. Parall. de longitude			41'.	23".	
La 2. Parall. de latit.			36'.	13".	
Le 2. temps parall. fouftr.		1.	22'.	55".	
Temps apparent plus exact de la Nouuelle Lun. & milieu de l'E-clipfe. Pour la quantité		6.	11'.	23".	
Le vray mouuement de latitude.	0.	4.	30'.	23".	
Vraye laritude Septentr.			23'.	22".	
Latit. apparente Auftrale			12'.	51".	
Demidiametre du Sol.			15'.	0".	
Demidiametre de la Lun.			16'.	58".	
	Sign.	Deg.	'	"	

Somme

	Iours	Heu,	'	"
Somme des Demidiametres			31.	51".
Partie du Sol. Eclipfée			19'.	7".
Doits ecliptiques		7.	38'.	48".
Pour la durée				
Quarré de la fomme des Demidd.		3678724.		
Quarré de la latit. apparente		594441.		
Leur difference		3084283		
Sa racine quarrée		1756.		
Et à raifon de la 3. Parall. de longit.			40'.	23".
Et du mouuement hor. apparent			31'.	38".
Le temps d'incidence fera			55".	31".
Et à raifou de la 4. Parall. de longit.			39'.	5".
Et du mouuement hor. apparent			27'.	32".
Le temps d'Emerfion apparent	H.	1.	3'.	47".
L'entiere durée	H.	1.	59'.	18".

L'Eclipfe du Soleil fe fera à Paris 1666. Iul. 2. jelon le temps apparent au matin.

		H.	'	"
Le commencement	}	H. 5.	15'.	52".
Le milieu	}	H. 6.	11'.	23".
La fin	}	H. 7.	15'.	10".

✿✿✿✿ : ✿✿ : ✿✿✿ : ✿✿✿ : ✿✿✿✿✿✿ : ✿✿✿✿

CALCVL DE LA MESME ECLIPSE
de Soleil fuiuant les Tables du P. Riccioli.

Reduites au Meridien de Paris.

	Iours.	Heu.	•	"	
La Moyenne Nouuelle Lun.	21.	10.	56.	2.	Iuin.
Aux lieux ou fe garde la Refor. du Calendrier adiouftez	10.	0.	0.	—0.	
Elle fera le 1. complet courant le 2. apres Midy A Boulogne.	1.	10.	56.	2.	Iuillet.
Le moyen lieu du Soleil	3.	10.	9.	54	69.
L'Anomalie fimple du Sol.	0.	1.	23.	1.	
L'Equation à fouftraire.			3.	27.	
L'Anomalie du Sol. egalée	0.	1.	19.	34.	♈
Le vray lieu du Sol. egalé	3.	10.	6.	27.	
Le moyen lieu de la Lun.	3.	10.	12.	52.	
L'Anomalie fimple de la Lun.	2.	26.	59.	28.	
L'Equation à fouftraire		4.	57.	14.	
L'Anomalie de la Lun. egalée	2.	22.	2.	14.	♓
Le vray lieu de la Lun. egalé	3.	5.	15.	38.	69
La diftance des luminaires		4.	50.	49.	
La Lune fuiaant le Sol.					
Le temps conuenable adioufté		10.	2.	7.	
	Sign.	Deg.	'	"	

	Iours.	Heu.	'	"	
Le mouuement horaire de la Lun. au Sol.			29.	40.	
La vraye Nouuelle Lun. mais non encore exacte.	1.	20.	58.	9.	Iuillet.
Le premier complet couranr le 2. apres Midy à Boulogne.					
Pour auoir la vraye Nouuelle Lun. exacte le calcul reïteré.					
Il se trouue de plus.		10.	2.	7.	
Pour lesquelles il faut adiouster au vray lieu du Sol.			24.	47.	
Et au vray lieu de la Lun.		5.	30.	55.	
Le vray lieu du Sol. tres-exact	3.	10.	49.	20.	69
Le vray lieu de la Lun. tres-exact	3.	10.	46.	13.	
Sans nouuelle Anomalie & Equation à cause de la proximité des luminaires qui ne sont éloignez que de			.3	7.	
La Lun. suiuant le Sol.					
Le temps conuenable adiousté			6.	8.	
La Nouuelle Lun. plus exacte courant le	1.	21.	4.	17.	
Pour l'Equation parfaite du temps, il en faut soustraire			9.	40.	
La Nouuelle Lun. tres-exacte	1.	20.	54.	37.	Iuillet.
Le 1. complet courant le 2. apres Midy à Boulogne.					
	Sign.	Deg.	'	"	

	Iours.	Heu.	'	''	
A Paris fouftraiant			40.	0.	
Apres Minuit, courant le	2.	8.	14.	37.	Iuillet.

En la vraye Conjonction.

Le temps de la vraye Conjonction à Paris courant le	2.	8.	14.	37.	Iuillet.
Le vray lieu du Sol.	3.	10.	49.	20.	♋
L'Afcenfion droite		101.	1.	41.	
Souftrayez l'arc de l'Equateur refpondant au temps deuant Midy.		56.	30.	57.	
L'Afcenfion droite du point Culminant		44.	30.	44.	
Adiouftez		90.	0.	0.	
L'Afcenfion oblique de l'Afcendent.		134.	30.	44.	
L'Afcendent ou l'Horofcope	4.	28.	9.	24.	♌
Le Nonantiefme de l'Ecliptique	1.	28.	9.	24.	♉
La hauteur du pole à Paris		48.	50.	0.	
Le Nœud Afcendent egalé	3.	4.	6.	46	
Lr hauteur du Nonantiefme		60.	33.	50.	
La latitude à fouftraire		2.	55.	19.	
La hauteur du Nonantiefme en la voye de la Lun.		57.	38.	31.	
Le vray lieu de la Lun. en fa voye	3.	10.	46.	13.	
	Sign.	Deg.	'	''	

La

	Iours.	Heu.	'	''
La diſtance du vray lieu de la Lun. & du Nonant.	I.	12.	35.	19.
La Parallaxe horiz. de la Lun. au Sol.			55.	28.
La Parallaxe horiz. en longitude			46.	5.
La Parallaxe exacte de longitude			30.	47.
La Parallaxe de latitude			29.	50.

Vne heure auant la vraye Conjonction.

	Iours.	Heu.	'	''	
L'Aſcenſion oblique de l'Aſcendent reſpondent à la vraye conjonction		134.	30.	44.	
Souſtrayez		15.	0.	0.	
L'Aſcenſion oblique de l'Aſcendent qui correſpont à vne heure auparauant		119.	30.	44.	
L'Aſcendent	4.	16.	31.	50.	♌
Le Nonantieſme de l'Ecliptique	I.	16.	31.	50.	♉
La hauteur du Nonantieſme		55.	50.	10.	
La latitude Auſtrale à ſouſtraire		3.	46.	32.	
La hauteur du Nonantieſme en la voye de la Lun.		52.	3.	38.	
Le vray lieu de la Lun. en la vraye conjonction	3.	10.	46.	13.	
Le vray mouuement horaire de la Lun. ſouſtrait			32.	8.	

Sign.	Deg.	'	''

d

14

	Iours.	Heu.	′	″
Le vray lieu de la Lun. vne heure auant la vraye conjonction	3.	10.	14.	5.
La diſtance de la Lun. du Nonantieſme	1.	23.	42.	15.
La Parallaxe horizohtale de la Lun. au Sol.			55.	28.
La Parallaxe horiz. en longit.			43.	55.
La Parallaxe exacte de longitude			35.	45.
La Parallaxe de latitude.			33.	48.

Vne heure apres la vraye Conjonction.

		Deg.	′	″	
A l'Aſcenſion oblique de l'Aſcendent en la vraye conjonction		134.	30.	44.	
Adiouſtez		15.	0.	0.	
L'Aſcenſion oblique de l'Aſcendent qui reſpond à vne heure apres		149.	30.	44.	
L'Aſcendent	5.	7.	30.	35.	♏
Le Nonantieſme	2.	7.	30.	35.	♊
La hauteur du Nonantieſme		63.	5.	15.	
La latitude Auſtrale à ſouſtraire		2.	18.	18.	
La hauteur du Non. en la voye de la Lun.		60.	46.	57.	
Le lieu de la Lun. en la vraye Conjonct.	3.	10.	46.	13.	

| Sign. | Deg. | ′ | ″ |

	Iours.	Heu.	'	''
Le mouuement horaire adiouſté			32.	8.
Le lieu de la Lun. vne heure apres la vraye conjonction.	3.	II.	18.	21.
La diſtance de la Lun. au Nonantieſme	1.	3.	47.	46.
La Parall. horiz. de la Lun. au Sol.			55.	28.
La Parall. horiz. en longitude			48.	10.
La Parall. exacte de longitude.			26.	15.
La Parallaxe de latitude.			27.	55.

En la Conjonction apparente.

	Iours.	Heu.	'	''	
Le temps de la vraye conjonction	2.	8.	14.	37.	Iuillet.
Le temps de la conjonction apparente		6.	52.	51.	
Degrez de l'Equateur correſpondants		28.	31.	21.	
Souſtraits à l'Aſcenſion oblique de l'Aſcendent en la vraye conjonction.		134.	30.	44.	
Donnent l'Aſcenſion oblique de l'Aſcendent en la conionction appar.		106.	28.	23.	
L'Aſcendent	4.	6.	40.	2.	♋
Le Nonantieſme	1.	6.	40.	2.	♉
	Sign.	Deg.	'	''	

	Iours.	Heu.		
La hauteur du Nonantiefme		52.	55.	10.
La latitude Auftrale à fouftraire		4.	13.	5.
La hauteur du Nonantiefme en la voye de la Lune		48.	42.	5.
Le Lieu de la Lun. en la conion-ction apparente	3.	9.	50.	41.	♊
La diftance de la Lun. au Nonan-tiefme	2.	3.	10.	39.
La Parallaxe horizontale de la Lun, au Sol.			55,	28.
Parallaxe horizontale de la Lun. en longitude			41.	25.
Parallaxe de longitude de la Lun. exacte			36.	35.
Parallaxe de latitude de la Lun.			37.	50.

Vne heure auant la Conjonction apparente.

Le temps de la conionction appa-rente	2.	6.	52.	51.	Iuillet.
L'Afcenfion oblique de l'Afcendent qui y appartient.		106.	28	23.
Pour vne heure auparauant fou-ftrayez		15.	0.	0.
L'Afcenfion oblique de l'Afcendent vne heure auant la con-jonction apparente.		91.	28.	23.
L'Afcendent	3.	25.	27.	30.	69
	Sign.	Deg.	'	''	

Le

	Iours.	Heu.	'	"	
Le Nonantiefme	0.	25.	27.	30.	♈
La hauteur du Nonantiefme		47.	50.	10.	
La latitude Auftrale à fouftraire de la hauteur du Nonantiefme			4.	38.	38.	
La hauteur du Nonantiefme en la voye de la Lun.			43.	11.	32.	
Le lieu de la Lun. en la conjonction apparente.	3.	9.	50.	41.	
Le mouuement horaire fouftrait			32.	8.	
Le lieu de la Lun. vne heure auant la conionction apparente	3.	9.	18.	33.	69
La diftance de la Lun. au Nonantiefme	3.	16.	8.	57.	
La Parallaxe orizontale, de la Lun. au Sol.			55.	28.	
La Parall. horiz. en longitude			37.	50.	
La Parallaxe de longitude exacte ne fe peut trouuer pour ce que la Lun. n'eft fur l'horifon, mais on luy peut donner enuiron 4'0.0".					
La parallax de latitude.			39.	10.	

Vne heure apres la Conjonction apparente.

	Iours.	Heu.	'	"	
L'Afcenfion oblique de l'Afcendent qui luy conuient.		106.	28.	23.	
Pour vne heure apres adiouftez		15.	0.	0.	
	Sign.	Deg.	'	"	

C

18

	Iours.	Heu.	′	″	
L'Acenfion oblique de l'Afcendent vne heure apres.		121.	28.	23.	
L'Afcendent	4.	17.	40.	10.	♉
Le Nonantiefme	1.	17.	40.	10.	♉
La hauteur du Nonantiefme		56.	52.	12.	
Latitude Auftrale à fouftraire		4	57.	10.	
La hauteur du Nonantiefme en la voye de la Lun.		51.	55.	2.	
Le lieu de la Lune en la conjonction apparente.	3.	9.	50.	41.	
Le mouuement horaire adioufté			32.	8.	
Le lieu de la Lune vne heure apres la Conionction apparente	3.	10.	22.	49.	
La diftance de la Lun. au Nonant.	1.	22.	42.	39.	
La Parallaxe oriz. de la Lun. au Sol.			55.	28.	
La Parall. horizont. en longitude			43.	10.	
La Parall. de longitude exacte			28.	56.	
La Parall. de latitude.			34.	25.	
	Sign.	Deg.	′	″	

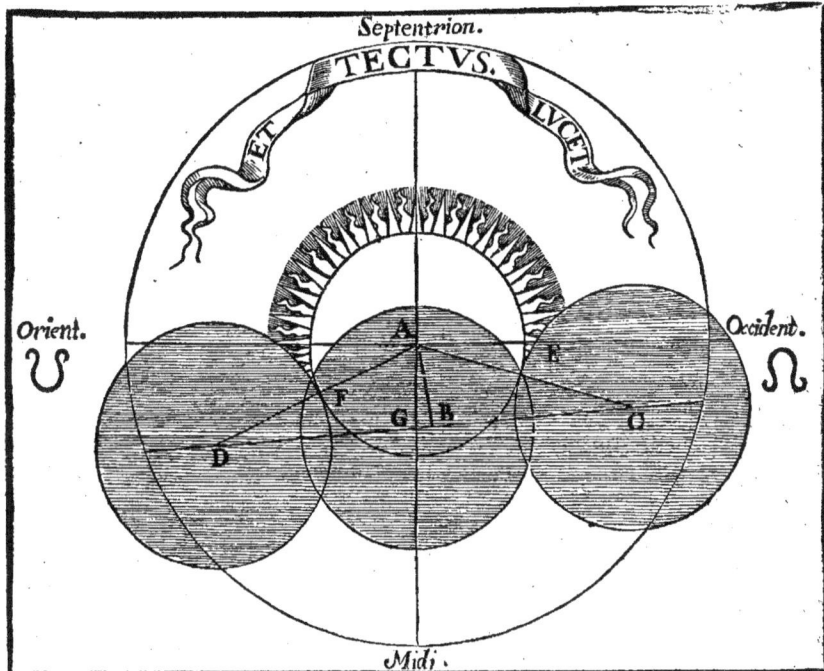

Septentrion.

TECTVS.

ET LVCET

Orient.

Occident.

Midi.

Cette Eclipfe fe verra à Paris le 2. de Iuillet.

Son commencement		5.	5'0.	1"0.
Son milieu	H.	6.	52.	51.
Sa fin		8.	6.	22.

apres Minuit.

Sa durée fera deux heures 1'6. 1"2.
Sa grandeur de 9. Doits & 1'.

Au Triangle A B C. Rectangle en B.
A C. La fomme des Demidiametres eft de 3'0. 4'8.
A B. La latitude apparente Auftrale de 7. 47.
B C. Les fcrupules de la demie durée de 30. 6.
Le temps de l'Incidence entre C B. H. 1. 2. 41.
Le temps de l'Emerfion entre D B. H. 1. 1ͣ. 31.